AF455809

SUR LE DILUVIUM DE LA FRANCE.

SUR

LE DILUVIUM

DE

LA FRANCE,

Par M. J. Fournet,

PROFESSEUR A LA FACULTÉ DES SCIENCES DE LYON.

LYON.

IMPRIMERIE DE L. BOITEL,

QUAI SAINT-ANTOINE, 36.

1843.

SUR

LE DILUVIUM DE LA FRANCE.

Dès qu'il y a eu des observateurs et des penseurs, les influences de l'eau et de la chaleur sur la composition et la structure de l'écorce du globe, ont été admises sous des formes poétiques ou positives; mais aussi, quelque loin que l'on veuille remonter vers les premiers temps de la géologie, on trouve une lutte engagée entre les deux systèmes définis par les noms de Neptunisme et Plutonisme. Tous les travaux des temps plus modernes n'ont abouti qu'à faire appliquer d'une manière trop exclusive, et par conséquent avec des chances variées, les forces dont ces mots sont l'expression; c'est même seulement de nos jours que l'on arrive à leur assigner une part à peu près égale. Cependant, il faut encore avouer que les brillantes découvertes du métamorphisme des roches et du soulèvement des chaînes de montagnes, ont absorbé, un peu trop exclusivement, l'attention des géologues, en sorte que le rôle de l'eau peut paraître, jusqu'à un certain point, relégué parmi les causes secondaires. Il importe donc de rappeler que si les explications les plus rationnelles des grands types orographiques sont basées sur la chaleur centrale, celles qui concernent les formes hydrographiques ne peuvent se passer de l'intervention de l'eau. Les soulèvements seuls ne rendent pas raison du lien intime qui unit les vallées aux bassins ; ils n'ont pu façonner que des concavités séparées par des barrières rocheuses; ils ont formé des lacs intervallés par des cascades et non des rivières au cours continu. Les eaux ont dû rompre les entraves que leur opposaient tant de digues, pour produire les ramifications si bien coordonnées des fleuves et de leurs affluents; de là ces traces d'érosion qui accompagnent, pour ainsi dire, chaque forme de cassure ; de là cette transition imperceptible qui se manifeste entre les structures orographiques et hydrographiques ; de là, enfin, la nécessité dans laquelle se trouve tout observateur qui tient à faire connaître l'ensemble d'un pays, de signaler les résultats des deux actions dont le concours a produit le relief définitif, sous peine d'être regardé comme n'ayant envisagé qu'un seul des côtés de la question.

Telles sont les réflexions qui nous ont été suggérées par les études auxquelles nous nous livrons depuis quelques années sur la configuration spéciale du bassin du Rhône, et pour qu'on ne leur attribue pas une portée trop restreinte, ajoutons que quelque soit la partie du globe sur laquelle les géologues ont passé, les faits sont identiques, en ce sens que partout ils ont trouvé des traces d'érosion, ou des effets de déblai ou de remblai assez gigantesques pour être comparables aux effets de soulèvement.

L'Asie et l'Amérique en offrent des exemples nombreux ; en Europe, ils fourmillent dans le bassin de la Seine, dans les régions Alpine et Pyrénéenne, dans le Jura, les Vosges et la Forêt-Noire; plus loin, vers le nord, dans les montagnes de la Grande-Bretagne et de la Scandinavie; enfin, pour notre part, nous avons successivement vu les montagnes lyonnaises, celles de l'Auvergne, les Appennins de la Toscane, les montagnes de l'Odenwaldt, de la Hardt et du Hundsruck, porter des empreintes de l'action des eaux, toutes aussi prononcées que celles des contrées précédentes.

En présence d'un fait tellement développé, les géologues ont dû naturellement s'enquérir de ses causes, et le résultat de leurs investigations a été la production de quatre hypothèses principales, parmi lesquelles il s'agit de trouver la plus rationnelle.

Suivant les uns, d'énormes glaciers, échelonnés sur toutes les hauteurs, ont poussé devant eux, jusque dans les plaines basses, des moraines provenant de la destruction des montagnes supérieures. Mais même en faisant abstraction de la possibilité de la formation et de l'extension très problématique de ces glaciers, n'est-on pas en droit de se demander comment ils ont pu avec leur rigidité produire, par exemple, les burinages si hardis et si élégamment contournés que l'on découvre à la surface de certaines roches; comment ils ont tracé ceux qui, décrivant au fond de quelques vallées des courbes circulaires, semblent indiquer des espèces de remous; comment ils ont façonné les formes flexueuses des collines de la Bresse et du Bas-Dauphiné, dont les roches moutonnées des Alpes ne sont qu'une légère variante. On ne voit pas plus clairement de quelle manière ils ont plaqué contre les flancs abruptes de la montagne de Fourvière, ou contre les balmes qui forment les deux versants opposés de la Bresse, un mélange confus de terre à pisé, de cailloux roulés et de blocs erratiques venant des Alpes et du Jura. Peut-on encore raisonnablement supposer qu'ils aient aussi aggrandi les fissures des roches de manière à les convertir en tubulures plus ou moins bizarres; qu'ils aient formé, entre autres, en passant sur le Salève, le *Creux de Brifaut*, ce boyau montant que de Saussure dit être devenu pour lui sinon « *le Puits de la vérité, du moins un monument intéressant et instructif*, à cause des cannelures et des sillons imprimés sur toute sa hauteur qui est de plus de cent mètres. On devine, d'ailleurs, que toute théorie qui pourra rendre raison des burinages verticaux de cette cavité, expliquera aussi les polis, les rayures et les ornières (Laves, Lapiaz, Karrenfelder) légèrement inclinées des vallées. Enfin, les partisans de cette théorie ont encore à nous dire de quelle manière leurs glaciers ont pu introduire, dans le fond de certaines cavernes, les ossements d'animaux si souvent mêlés à la terre diluvienne et aux cailloux; car, enfin, tous ces faits sont liés les uns aux autres de la manière la plus intime ; et si, pour satisfaire à toutes les conditions du problème, ils essayent de combiner à la fois les résultats du cheminement de ces vastes glaciers et de leur fusion, ne trouvera-t-on pas tout aussi simple de s'en tenir au seul effet des eaux, puisqu'elles suffisent pour expliquer les phénomènes.

Quoiqu'il en soit, la fusion des glaciers a pu être instantanée ou successive, et chacun de ces deux cas rentre dans l'une ou l'autre des hypothèses suivantes, savoir : celle qui admet les effets lents mais continus des causes actuelles, ou bien celle qui suppose des révolutions subites.

Les partisans des causes actuelles admettent que ces déblais et remblais sont les résultats de l'action séculaire de nos cours d'eau; mais, avec cette ressource si faible, ils ne peuvent expliquer le charriage des blocs gigantesques, ni surtout la continuité de ce manteau de terre à pisé (Lehm ou Loess)qui, dans nos environs, par exemple, couvre des talus rapides, depuis une hauteur absolue de 450 mètres jusqu'au niveau même de la Saône.

Quant aux partisans des révolutions subites, ils se divisent en deux classes. Ceux de la première veulent que ces immenses érosions, ainsi que les transports qui en sont la conséquence, aient été effectués par des marées extraordinaires, ou par tout autre déplacement des mers. Cette idée est fort simple et fort naturelle en elle-même, mais pour être soutenue par les faits, tels qu'ils se manifestent en France, elle exige naturellement la découverte de cétacés, de poissons et de coquillages marins, parmi les ossements des mammifères, des oiseaux et des coquilles terrestres, si abondamment répandus dans la terre diluvienne; car le cataclysme a dû les confondre simultanément dans les mêmes gîtes où ils ont été, par conséquent, soumis à des chances égales de conservation. Cette objection, pour le dire en passant, peut aussi s'adresser aux géologues qui veulent que le transport des blocs erratiques, des cailloux et des masses de boue qui les accompagnent soit survenu au sein de l'Océan, à l'aide de glaçons flottants, lesquels auraient abandonné ces matériaux au fur et à mesure de leur fusion; car, enfin, ces convois ont dû recouvrir, de temps à autre, les coquillages et autres débris gisants sur le fond des mers. D'ailleurs, une immersion sous-marine de nos plaines et de nos montagnes du Rhône, à la fin de l'époque tertiaire, est si peu en harmonie, je dirai même si incompatible avec les phénomènes géologiques, qu'il faut reléguer cette idée à côté de celle des *grandes glaces* et des *causes actuelles*, véritables enfants perdus de la science.

Il ne reste donc plus d'autre ressource que celle des débâcles de grandes masses d'eau douce qui seules se concilient avec toutes les circonstances, d'une manière assez simple pour que leur rôle soit digne d'être développé aussi complètement que possible. D'après les curieuses recherches de M. Elie de Beaumont, la hauteur de leur point de départ dans les Alpes, est d'environ 2,500 mètres; elles ont passé sur le Jura à des altitudes de 1,100 mètres à peu près. Que l'on calcule donc d'après cela, et à l'aide de formules connues, la vitesse d'un pareil courant, et l'on arrivera à trouver qu'elle peut atteindre, et même dépasser celle des plus forts ouragans; cette vitesse, multipliée par la masse, pourra rendre raison des effets les plus énergiques, et si, dans quelques-uns de nos orages, on a pu voir de simples grêlons, poussés horizontalement par le vent, graver sur un crépissage en plâtre des sillons aussi nets que ceux qu'auraient pu produire des balles de fusil, pourquoi refuserait-on d'admettre que des gros quarzites anguleux, entremêlés de sables, et cheminant avec des vitesses analogues, auraient pu rayer les flancs des roches qu'ils ont coudoyées en passant. La force de transport des cours d'eau est suffisamment connue, un simple torrent ordinaire, dont la pente est de 1°, 5 seulement, roule souvent des blocs de 0^{m}, 50 de longueur; la débacle du lac de Bagnes occasionna le transport de centaines de blocs de granit, dont l'un avait dix mille pieds cubes de volume; quel effet prodigieux ne produira donc pas un torrent gigantesque, tel que celui qui vient d'être défini; évidemment aucun des déblais, aucun des transports, aucune des découpures, aucune des ornières exprimées sur nos plaines et sur nos roches, ne sera inexplicable avec le secours d'un pareil agent.

Mais c'est assez nous arrêter dans le champ des hypothèses; passons enfin à l'exposé des faits qui sont survenus dans l'intérieur de la France, en faisant abstraction des Alpes, où ils ont été suffisamment décrits, quoique avec des vues bien différentes, par de Saussure, André de Gy, Elie de Beaumont, Charpentier, Agazziz, etc., etc. En nous permettant d'apprécier le volume des eaux et leur hauteur, ils porteront mieux la conviction dans notre esprit que tous les raisonnements auxquels nous nous sommes livré jusqu'à présent et pour procéder pas à pas, commençons par rechercher leur limite supérieure dans le bassin même du Rhône, nous ferons ensuite successivement la même étude pour les différents versants de la France centrale.

Sous ce rapport, le Mont-d'Or lyonnais nous donne un premier jalon très remarquable par son isolement au milieu de plaines étendues. Sa partie supérieure est formée par les couches oolithiques et par celles d'un calcaire marneux blanc, qui paraît être l'oxfordien inférieur. Les assises sont redressées en général vers l'ouest sous un angle de 15° environ et d'après cette disposition, le système marneux blanc devrait concourir avec l'oolithe pour former les pointes culminantes du Mont-Toux et du Mont-Verdun. Cependant il n'en est pas ainsi, car ces cimes sont uniquement composées d'oolithe, et il est facile de voir que les calcaires blancs ont été décapés par une puissante érosion, qui a, en outre, ébréché les arêtes transversales, arrondi les mamelons, creusé les combes supraliasiques, entraîné les fossiles et les cristaux pyriteux dans les tubulures du lias, où ils sont jetés pêle-mêle avec des cailloux, des terres remaniées et des ossements d'éléphants, de chevaux, de cerfs d'espèces perdues, etc., etc. A partir d'une hauteur d'environ 450 mètres, un épais manteau de terre à pisé, empâtant des *Succinea oblonga*, des *Helix hispida et arbustorum*, commence à couvrir tous les flancs de la montagne et celui-ci s'étend, sans discontinuité, jusque sur les bords de la Saône, élevés de 162 mètres seulement au-dessus du niveau de la mer. Ainsi donc, il y a eu là une simultanéité d'effets qui ne peut s'expliquer que par l'affluence d'une eau assez grande pour atteindre le sommet culminant du Mont-d'Or, quoiqu'il s'élève à 625 mètres au signal du Mont-Verdun.

Le niveau supérieur des eaux a même dû évidemment dépasser cette sommité, d'une quantité assez grande pour produire le lavage en question; cependant il ne faudrait pas croire que dans le premier moment leur niveau inférieur se trouvait à la limite de 162 mètres, indiquée par la hauteur actuelle de la Saône. La géologie démontre qu'avant la naissance du phénomène diluvien, un vaste lac se prolongeait sur la Bresse et le Dauphiné, depuis St-Vallier jusqu'à la Haute-Saône. Les rivières qui y débouchaient à l'époque tertiaire avaient amené dans le pays un dépôt de cailloux alpins dont l'altitude, à en juger par celle des buttes qui en sont formées, atteignait jusqu'à 325 mètres, et c'est dans ce cailloutis que les lits de la Saône et du Rhône ont été tracés par l'enlèvement d'une épaisseur de 166 mètres de déblai. Ce balayage inférieur a, d'ailleurs, dû s'opérer dans le même instant que les érosions supérieures du Mont-d'Or, autrement il y aurait solution de continuité dans le dépôt boueux de terre à pisé que les eaux abandonnaient à mesure qu'elles baissaient et perdaient leur force d'impulsion primitive.

Ce courant rhodanien a filé en masse du nord au sud vers la Méditerrannée, ainsi que le prouvent suffisamment la disposition des buttes de la Bresse et du Bas-Dauphiné, au milieu de combes largement évasées, et surtout leur forme qui, sans cesser d'être arrondie, présente un abrupte du côté du courant, et une pente plus prolongée vers l'aval, de manière à constituer l'expression la plus frappante des ricochets successifs d'une puissante lame d'eau emportée dans ce sens; d'ailleurs, la pente du sol et la continuité des déblais et des remblais, suivant cette direction, achèvent de démontrer cette allure.

Vers Valence, le même courant a passé sur le rocher de Crussol, élevé de 250 mètres au-dessus des plaines voisines, et sur le dos duquel il a abandonné des gros quarzites alpins; mais d'autres faits plus énergiques viennent encore donner une nouvelle authenticité à ce passage. En effet, si l'on examine la structure de cette montagne si nue et si escarpée du côté du Rhône, on voit qu'elle se compose de couches oxfordiennes et coralliennes, qui s'élèvent en pente douce vers le sud. Le côté de ce point cardinal devrait donc présenter une saillie suivie d'un grand escarpement, et pourtant il n'en est point ainsi ; car toutes les couches, même celles du corallien supérieur, si dur et si compacte, sont coupées de telle sorte que l'arête culminante de la montagne est figurée par une ligne à peu près horizontale. Ainsi donc, un coup de rabot ou un trait de lime a été donné là en passant par un ouvrier dont la main était certes bien sûre, et les dentelures de l'instrument ont sans doute aussi tracé les énormes sillons qu'indiquent les ondulations de ce plateau.

Ce fait suffit pour expliquer le *moutonnement* gigantesque des contreforts primordiaux de l'Ardèche, ainsi que les variantes que ce moutonnement éprouve en passant du granit au micaschiste et au calcaire ; il rend aussi raison des singulières déchiquetures en forme d'obélisques, de tours, de bastions, de murailles à pic, de cavernes et de tubulures qui excitent toujours l'étonnement du voyageur que le Rhône transporte au-dessous de Viviers ; il fait comprendre ces coups de scie qui ont découpé certaines barrières de roches, lesquelles se prolongeraient sans cela d'une des rives à l'autre de nos fleuves, à Rochetaillée, à Pierre-Scize, entre Givors et Vienne, vers Tournon, etc., etc. Ce phénomène, pour le dire en passant, est même si frappant, que le peuple a cru devoir l'expliquer, mais il l'a fait à sa manière, en supposant que, sous les Romains, Agrippa, ou dans le moyen-âge, l'Homme-de-la-Roche, se sont chargés de l'opération pour faciliter la navigation.

Parmi les effets remarquables occasionnés par ce grand

courant N–S, il faut encore signaler les ébauches de vallées d'érosion parallèles à la grande vallée de la Saône et du Rhône. Elles sont nombreuses dans toute l'étendue du bassin ; ainsi dans le Bas–Dauphiné on peut citer une file de dépressions indiquées successivement par les parties supérieures du cours de la Boubre vers la Chapelle-du-Gaz ; par le lac de Paladru, l'une des plus grandes nappes d'eau de la France, et enfin par le lit de la rivière de Rives. Du côté du Beaujolais, on remarque encore la dépression de l'Anse qui aboutit au col d'Alix, duquel une quantité considérable de très gros blocs erratiques a roulé dans les vallées de Molinan et de Châtillon–d'Azergue. Quand on est placé au col de la Tour-de-Salvagny, on en découvre parfaitement une autre qui, après s'être allongée à perte de vue sur le bas–plateau lyonnais, par le ruisseau de Charbonnières, entre les hauteurs de Francheville et de Ste–Foy–lès–Lyon, va se perdre au–dessous de Brignais, dans la plaine graveleuse de Givors, où elle se marie avec la dépression occasionnée par le reflux des eaux qui avaient remonté la vallée du Gier. M. l'abbé Giraud de Soulavie en a finalement indiqué une dernière, bien plus élevée et infiniment plus longue, commençant à St–Péray d'où elle continue à suivre la ligne de démarcation qui sépare le sol calcaire du sol primitif, pour aboutir aux plaines du Languedoc en passant par Alais. Dans ce trajet, elle est caractérisée à St–Péray par un épais dépôt de cailloux et de terre à pisé ; elle enveloppe en demi-cercle le Grand–Tarnague ; plusieurs vallées perpendiculaires la partagent en une série de tronçons, et enfin, depuis St–Ambrois jusqu'à Alais, elle est si horizontale et si régulière qu'on y a pratiqué un grand chemin, application à laquelle se prêtent, du reste, presque toutes les vallées longitudinales d'érosion, ainsi que nous l'avons déjà expliqué dans une des séances du Congrès Scientifique de Lyon.

L'inspection du terrain fait d'ailleurs comprendre que si ces longs tracés n'ont pas abouti à la production de voies assez unies pour servir de chenal à une rivière continue, c'est que d'abord le mouvement d'un pareil torrent, sans cesse contrarié par les emboëtages des calcaires jurassiques ou crétacés, des roches primordiales et des cailloutages des dépôts lacustres tertiaires, devait s'effectuer sous forme d'une série de bonds prodigieux et qu'en second lieu les effets qui en sont résultés ont encore été compliqués par les découpures du ruissellement transversal des eaux venant du haut des chaînes de montagnes placées tant à l'est qu'à l'ouest du bassin du Rhône. C'est ainsi que, dans nos environs, les lames descendues des montagnes lyonnaises ont ajouté, au diluvium Alpin, le diluvium des vallées de l'Azergue, de la Tardine et de la Brévenne, dont les traces atténuées se manifestent jusque sur le plateau de la Bresse, à Trévoux. Celles qui ont coulé du haut des contreforts orientaux ont produit, ou du moins, ont contribué à la production des vallées transversales, sèches ou non, du Rhône supérieur, de la Verpillière, d'Heyrieux, de la Côte-St-André, de l'Isère, de la Drôme, du Roubion et de Pierrelatte, lesquelles sont souvent assez vastes pour former autant de bassins secondaires inclus dans le bassin général du Rhône.

La manière dont la plupart de ces lames ont entaillé, de l'est à l'ouest, un sol déjà balayé par l'écoulement subit du lac de la Bresse; les traces des talus d'entraînement qu'elles ont laissé dans les plaines de la Guillotière, en face de la dépression d'Heyrieux, ceux qui se manifestent encore dans les plaines de la Saône, entre Neuville et Trévoux, et qui correspondent aussi à des échancrures du plateau de la Bresse; enfin, les escalons des Balmes viennoises, ou mieux encore les gradins qui sont plus largement développés en divers points de la grande vallée à étages du Rhône; tous ces faits dis-je, démontrent le retard des torrents accessoires par rapport au torrent principal, et se conçoivent d'après les intervalles de temps qui ont dû s'écouler entre l'arrivée des uns et des autres, suivant l'éloignement de leur point de départ dans les Alpes. Il en résulte naturellement que la grande convulsion diluvienne peut être divisée en plusieurs accès dont le progrès se laisse aussi bien apercevoir dans la succession des dépôts erratiques que dans les dispositions respectives des découpures du sol.

Quoiqu'il en soit de ces accidents de détail, l'ensemble du courant, contenu jusqu'à Avignon entre des parois latérales dont l'écartement varie entre 44 et 70 kilomètres, a pu s'élargir rapidement sur les pays bas méditerrannéens. Il a donc perdu dès-lors quelque chose de sa hauteur et de sa puissance érosive, et de là résultent probablement une partie des dépôts qui ont formé les grandes îles du Bas-Rhône et spécialement le Delta de la Camargue. Cependant les faits furent encore une fois compliqués par un de ces courants transversaux sur lesquels nous venons de fixer l'attention. Celui-ci s'est précipité du haut du Mont-Genèvre, en semant sur les plaines de la Crau, ce prodigieux cailloutis, dont nos ancêtres ont expliqué la formation à l'aide d'une pluie de pierres, lancée par Jupiter venant au secours de son fils Hercule; imagination qui, toute poétique qu'elle soit, n'en fait pas moins ressortir la grandeur du phénomène, puisque le concours du plus puissant des dieux leur a paru nécessaire pour en rendre raison. La nature des roches, de plus en plus triturées, suffit pour démontrer que la force d'impulsion qui animait cette masse d'eau, lui a permis de prolonger son cours depuis la Provence jusque dans le Languedoc vers Montpellier, bien qu'elle n'eût aucun encaissement du côté de la mer, et c'est ainsi qu'elle a concouru avec le grand courant rhodanien à l'établissement des plaines si vastes et si mollement ondulées du littoral.

Il serait, d'ailleurs, facile de retrouver les embranchements de ces nappes d'eau dans les diverses vallées du pays, et spécialement autour de la Ste-Baume ; mais ces détails n'ajouteraient aucun fait nouveau à ceux qui ont déjà été suffisamment développés, en sorte que nous allons passer à une dernière circonstance qui dérive trop naturellement de l'épaisseur générale du courant pour qu'on puisse omettre d'en parler.

Nous avons vu que cette épaisseur a atteint et probablement dépassé, au Mont-d'Or, le niveau de 625 mètres. Il en résulte que l'eau a dû s'échapper latéralement par tous les cols des montagnes lyonnaises dont l'altitude est à peu près la même, tels que celui du Pont-de-l'Ane à Saint-Etienne, et celui de Chazelles, entre les sources de la Brévenne et celles de quelques-uns des affluents de la Coize. C'est donc par ces détroits qu'elle s'est précipitée dans le bassin de la Loire pour en alimenter le courant diluvien spécial dont il sera question par la suite. Nous avons même de fortes raisons pour admettre qu'il a franchi le col des Echarmeaux, près de Chenelette, malgré son élévation de 718 mètres ; dans tous les cas, les sédiments diluviens abondent de part et d'autre de cette station, vers les parties supérieures des vallées de l'Azergue, de l'Ardière, de la Mauvaise, de la Grosne, du Boloret et du Sornin ; il est même digne de remarque que, contrairement à une assertion avancée par M. Bozet, dans quelques mémoires relatifs aux montagnes qui séparent la Saône de la Loire, le phénomène des blocs erratiques n'est pas inconnu sur leur versant occidental et qu'il en existe de beaux exemples dans la vallée du Rhins, dépendante du massif en question.

Des effets analogues se sont naturellement reproduits dans les montagnes de la Côte-d'Or, mais leurs points culminants ne s'élevant qu'à 621 mètres et étant même en général beau-

coup plus bas, ce n'est pas seulement par les cols, mais par dessus les sommités, que des grandes nappes d'eau ont dû déverser dans le bassin de la Seine, et de là, les *Osars* de Pont-Aubert dans le département de l'Yonne, et les convois des granits du Morvan, mélangés avec des grès de Fontainebleau, que M. Elie de Beaumont nous a montrés jusque dans les plaines de Grenelle.

De même, le plateau de Langres avec sa hauteur moyenne de 400 mètres, ne formait alors qu'une digue submersible; aussi les berges des cours de la Marne, de la Meuse et de la Moselle, sont encore ravinés ou encombrés par les sédiments de cette crue dont on peut voir, entre autres, des traces parfaitement conservées entre Liverdun et Toul.

Enfin, une arête insignifiante, élevée de 370 mètres seulement au-dessus du niveau de la mer, sépare vers Frahier et Champagny, les eaux de la Saône d'avec celles du Rhin; une vaste branche s'est donc aussi épanchée vers le nord par dessus les collines de l'Elsgaw, et les traces en sont faciles à trouver dans les minerais de fer en grain, dans les sables, dans les galets du poids de 2 à 2,5 kilogrammes, qui gisent là ensevelis dans une couche épaisse de glaise. Cette branche s'est ensuite mariée avec celles qui descendaient du Jura de Porrentruy en décapant le portlandien, et en élargissant les ruz, les cluses et les combes des annexes du Mont-Terrible; elle s'est surtout associée à la grande lame Alpine venant du côté des lacs de Neufchâtel, de Bienne et de Constance, et l'ensemble de toutes ces eaux transportées vers les mers du Nord a reproduit, dans le vaste bassin du Rhin, tous les phénomènes déjà indiqués dans le bassin du Rhône.

Passons actuellement à l'étude des circonstances que vont nous manifester les montagnes de la France centrale.

D'anciens observateurs ont déjà été frappés à la vue de quelques-uns des effets diluviens que présente cette haute région. L'abbé Giraud de Soulavie, entre autres, est revenu plusieurs fois sur leur compte, mais partisan des causes actuelles, il a tout attribué à la démolition lente et successive des roches. C'est ainsi que, suivant lui, « les cailloux roulés et restés stationnaires sur les montagnes, sont des monuments qui attestent que les lits des rivières creusés à la longue, ont été situés sur des hauteurs avant l'excavation. » Plus loin il ajoute : « La Loire parcourt en Forez une plaine très curieuse, à cause des décombres des montagnes supérieures que ce fleuve a déposé ; la vue de cette plaine suffit pour ouvrir les yeux sur la théorie des montagnes. Resserrée par deux chaînes parallèles et granitiques, l'eau a déposé entre deux, un terrain mouvant de nouvelle date et composé de cailloux roulés granitiques, basaltiques et de lave spongieuse que le fleuve a entraînés des sommets volcanisés où il prend sa source. Il en a détaché encore d'autres des montagnes volcanisées du Velay. Usés par les frottements, il en a fait son lit, il les a couvert d'autres matières de date plus récente, chaque inondation en change la forme par l'augmentation de nouvelles matières charriées et superposées. Mais si ces décombres annoncent une destruction des montagnes supérieures du Vivarais, si l'excavation des vallées paraît en être le résultat, les mêmes cailloux roulés se trouvant sur des élévations de 50 toises au-dessus du niveau de la Loire, annonceront aussi que ce fleuve était plus élevé qu'aujourd'hui du même nombre de toises, et prouveront, d'une autre manière, une ancienne élévation du lit du fleuve au-dessus du lit actuel. Parcourez les montagnes de l'Aubepin, dont les eaux versent dans la Loire ; observez les montagnes élevées qui avoisinent les sources du Furaud, qui font partie du bassin de la Loire, et vous conclurez que des courants aquatiques seuls ont dû former ces attérissements élevés ; que ces attérissements posés dans le voisinage et dans la vallée de la Loire, sont les mêmes qui forment son lit actuel et que la Loire a dû, par conséquent, inonder jadis ces élévations sur lesquelles elle a laissé latéralement, en rongeant toujours le terrain, ces monuments de la géologie ancienne du Forez. »

Ces citations, qu'il serait facile de multiplier, ne laisseront aucune incertitude sur les idées particulières de cet excellent observateur ; mais voyons aussi la perplexité dans laquelle il va se trouver avec ses causes actuelles, quand il sera en présence des transports effectués vers la Louvese, entre la Souche et Saint-Laurent-des-Bains, et dans le chemin qui conduit de Vals à Antraigues, où il a découvert des tas énormes de débris granitiques, de forme conique, composés de cailloux entremêlés de 1 met. à 1 met. 30 de diamètre, sans sable ni terre végétale intercalés.

« Ces masses de pierraille, dit-il, sont véritablement l'effet de quelqu'énorme débacle; ces roches rompues n'ont pas été formées sur place, et quelqu'étonnante que paraisse la force qui les a d'abord triturées, transportées et amoncelées en forme de hautes montagnes, en forme de pains de sucre, en forme de chaînes de plusieurs montagnes accolées; il faut pour expliquer toutes ces choses, pour mettre toutes ces masses dans leur état primitif, les transporter toutes ensemble vers les centres élevés de Saint-Bonnet-le-Froid, d'où elles ont été *entraînées non pas peu à peu*, les unes après les autres, ce qui les aurait changé en cailloux roulés, mais par une espèce de transport général de la totalité, occasionné par des *forces encore inconnues*. Ce qui démontre cette opinion, c'est que ces débris de roches granitiques trouvent leur matrice dans les roches supérieures de Saint-Bonnet-le-Froid. Cette paroisse est située entre le diocèse de Puy et celui de Vienne ; cinq vallées énormes séparées par cinq chaînes de montagnes granitiques forment sa géographie physique. Le Suc-de-Véran, montagne pointue, est vers le centre de ces chaînes et semblent en tirer leur origine. Ce cône granitique donne ses eaux à la Méditerranée et à l'Océan ; le Doux et la Cance, rivières du Haut-Vivarais, y prennent leur source et versent dans le Rhône ; trois autres rivières qui versent dans la Loire, arrrosent le pays opposé. C'est sur ces élévations que j'ai trouvé la place originelle des roches brisées, des amas de blocs de granit que j'avais observé dans les régions inférieures. En comparant les morceaux que j'y avais recueillis, j'observai la ressemblance et l'ancienne connexion des parties.»

Ainsi donc, il est constant que Giraud de Soulavie a reconnu les faits capitaux du phénomène erratique, mais qu'il est demeuré dans l'impuissance de les expliquer avec le principe des causes actuelles, qu'il n'a eu d'autre ressource que celle de forces inconnues, et qu'enfin un peu plus de hardiesse ou de grandeur dans les vues l'eussent amené à dire, avec un autre observateur de son temps, le P. André de Gy : *il a fallu une cause générale, uniforme, violente et prompte pour arranger la surface de la terre comme elle l'est à présent.*

Essayons maintenant de généraliser ces premiers aperçus.

Entre Mende et Langogne, une chaîne qui s'étend de l'est à l'ouest, depuis le Grand Tanargue jusqu'aux montagnes d'Aubrac, sépare l'Allier qui est le plus étendu et le plus méridional des affluents de la Loire, d'avec le Lot, qui est l'un des plus longs affluents de la Garonne. Cette chaîne se rattache, avec quelques inflexions, aux monts Margerides, au Cezallier, au mont Dore d'Auvergne et au Cantal, en s'allongeant vers le N. O. jusqu'aux confins du Limousin et en continuant toujours à établir la démarcation des eaux des deux fleuves océaniques. C'était donc autour de cette dorsale qu'il fallait chercher les points de départ des courants [illegible].

Sur le versant sud, les deux [illegible], [illegible] de la [illegible] et de celle du Tanargue à la Margeride, surgissent en face l'une de l'autre de manière à atteindre des hauteurs de 1,700 met. ; entre elles est compris un couloir calcaire prolongé de l'est à l'ouest et assez élevé lui-même pour atteindre environ 1,000 met. au sud de Mende. Cette dépression est divisée longitudinalement en deux parties par la profonde échancrure du Lot, sur la rive droite duquel les couches du lias, montent en pente douce contre l'extrémité de la Margeride, tandisque la rive gauche est dominée à pic par de grandes falaises oolithiques exhaussés à 230 met. au-dessus du Lot. Les rampes du lias sont sillonnées de la manière la plus symétrique par une série de vallons parallèles, descendant du nord vers le sud, et le dos de l'oolithe est tapissé d'une terre rouge, dans laquelle se trouvent disséminés de nombreux débris de grés, de lias, de schiste-micacé, etc., que la charrue ramène à la surface ; quelques-uns de ces cailloux sont assez gros pour équivaloir jusqu'à deux fois la grosseur du poing. A ces faits déjà convainquants par eux-mêmes, il faut ajouter encore les formes diluviennes qui sont vigoureusement accusées sur toute cette haute région oolithique par la forme des caps et par l'alongement des combes de l'est à l'ouest.

En coordonnant maintenant ces dispositions, on voit que des masses d'eau sont arrivées du côté des montagnes septentrionales, en suivant la pente du lias ; qu'elles ont surmonté la falaise oolitique opposée et se sont déversées, soit vers le Rhône par Villefort, soit vers la Garonne. Ce dernier écoulement a suivi, en partie du moins, l'allure indiquée par le cours du Lot, dont il a en même temps excavé si profondément le lit et la vallée en abandonnant dans tous ses recoins, vers Valsiége et Bramonas, une partie des matériaux provenant des déblais précédents ; ceux-ci forment ici, comme partout ailleurs, des assises composées de blocs, de cailloux calcaires entremêlés de terre rouge, et leur masse est assez puissante pour s'élever jusqu'à 30 ou 40 mètres au-dessus de la rivière. Mais ce serait prendre une très faible idée de ce torrent que de s'arrêter à ces hauteurs qui n'indiquent autre chose que le charriage opéré sur le fond du lit diluvien à l'époque où sa force était pour ainsi dire mourante. Une étude faite plus en grand amène bientôt à reconnaître, entre la foule des formes érosives qui dominent dans cette vallée, le creusement remarquable du col de Paliès, entaillé au travers de toute l'épaisseur de l'oolithe, jusqu'au niveau du lias. Dès lors, on voit que ce courant du Lot a pu s'épancher latéralement dans les bassins du Tarn et de l'Aveyron où il s'est combiné avec d'autres eaux qui, de leur côté, arrivaient aussi en partant des chaînes culminantes de la France centrale. Cette nappe en passant sur Rodez a corrodé de la manière la plus frappante le grès bigarré et isolé entre-autres quelques buttes de muschelkalk, parmi lesquelles il faut citer le Puech de Montoly, dont le sommet élevé d'environ 600 met. au-dessus du niveau de la mer, est jonché de gros fragments encore plus ou moins anguleux, de grés et de calcaires jurassiques entremêlés d'une assez grande quantité de petits cailloux et de sables primordiaux de composition variée.

Plus loin encore, à Villefranche-de-Rouergue, on trouve près du château de Veuzac un grand dépôt de blocs de quarz arrondis et du volume d'un demi mètre cube, ou bien à Combenègre des cailloux porphyriques englobés dans la terre à pisé ; ailleurs, ce sont les grosses arêtes des filons quarzeux qui sont fracturés et jetés à quelque distance vers le sud, sens général de la marche du courant, et tous ces faits se présentent non pas dans des bas-fonds, mais sur des plateaux élevés de 200 à 250 mètres au-dessus de l'Aveyron. Au-dessous de ce niveau, nous verrons encore le terrain secondaire corrodé en divers sens, et surtout largement séparé d'avec le terrain primordial par une belle découpure qui constitue la vallée de l'Aveyron. Celle-ci est à étages parce que le muschelkalk et l'oolithe, roches dures et compactes, ont pu résister à la force qui balayait devant elle les marnes supraliasiques et les grès bigarrés; aussi dessinent-elles deux longues falaises disposées en retraite l'une sur l'autre.

Sur le Tarn, la dépression de Milhau, dont la hauteur au-dessus de la mer n'est plus que de 355 mètres, ne surprend nullement quand on y voit la répétition des phénomènes indiqués pour Rodez et Villefranche; mais cette localité est dominée par les plateaux jurassiques du Larzac et par ceux de muschelkalk de Comprégnac dont l'altitude est de 800 met., et sur lesquels on trouve des morceaux de micachiste, d'amphibolite et des minerais de fer en grains arrondis par le transport. Il faut donc admettre que le courant s'est maintenu pendant quelque temps à cette hauteur, et c'est alors qu'il a entaillé sur place, ces énormes pâtés calcaires, ces molards du pays qui, détachés de la masse générale, apparaissent comme autant de *bornes miliaires de la grande route diluvienne.*

Si actuellement l'on jette les yeux sur une carte de cette partie de la France, on verra que, depuis la Drenne sur les les confins de l'Angoumois jusqu'à la Losse en Gascogne, la disposition des rivières est telle qu'elle converge en forme d'évantail largement ouvert et dont la charnière serait, en quelque sorte, sur la Gironde. Toutes les branches septentrionales jusqu'au Tarn inclusivement ont été tracées par les eaux qui, venant des diverses ramifications de la France centrale, furent entraînées soit vers le sud, soit vers l'ouest ou en moyenne au sud-ouest, suivant la pente générale du terrain de ce côté. Dans la région méridionale, les épanchements particuliers de la chaîne des Pyrennées ont complété ce rayonnement, par l'addition du cours de la Garonne et de ses annexes les plus directs qui se sont dirigées du sud-est au nord-ouest, suivant une inclinaison, confluente avec la précédente. Aussi le lit de ce fleuve est-il la plus forte expression de l'action diluviennne dans cette extrémité de notre pays?

Mais la vitesse d'impulsion ou le volume des eaux leur a permis encore de s'écouler en partie directement vers le sud. Pour gagner la Méditerranée par la voie la plus courte, elles dûrent franchir le prolongement oriental de la Montagne-Noire, et les traces de ce passage sont des plus évidentes, tant dans le bassin de Bédarrieux que sur les hauteurs du col de Soumentre dont l'altitude, d'après la température des sources et des puits, seul moyen d'appréciation dont j'ai pu disposer, serait d'environ 400 mètres.

Le cours sinueux de la lame qui a creusé le lit de la Peyne, ayant travaillé indifféremment les schistes, les calcaires et les grès du système carbonifère, y a façonné une de ces portions de *vallées à angles saillants et rentrants correspondants*, objets de tant de débats dans l'ancienne géologie; elles s'expliquent maintenant aussi facilement par des carambolages horisontaux, que les buttes arrondies et espacées par des combes largement évasées de la Bresse, se conçoivent à l'aide des ricochets verticaux de lames douées d'une énergie analogue. Du reste, ce courant a encore abandonné, dans l'étroit et sausage défilé de Pézènes, des terres jaunes entremêlées de tous les débris des roches voisines; et ces débris ne venant pas de loin conservent quelque chose de leurs angles. A Vailhans, le même torrent a rencontré une barrière de quarz de 2 à 3 mètres d'épaisseur, qu'il a non seulement dénudé de son entourage schisteux de manière à la laisser saillante comme une muraille d'une vingtaine de mètres de hauteur, mais dont il a encore crénelé le sommet, perforé les flancs et scié une partie de manière à y ouvrir une porte défendue de part et d'autre par la plus étrange fortification qu'il soit possible d'imaginer.

Quelqu'ait été, du reste, l'éparpillement des eaux, par suite de leur subdivision en une série de courants divergeants les uns vers la Méditerranée, les autres vers l'Océan, on donnerait cependant une valeur trop mesquine à leur volume, si l'on supposait qu'elles ont débouché simplement dans les plaines languedociennes par les vallées de l'Hérault, de l'Orb, du Libron et autres aboutissants analogues ; leur allure était bien plus franche et la nappe se déversait simultanément en forme de grande cataracte du haut de l'arête rocheuse qui forme l'horizon septentrional de cette partie de la France ; c'est, du moins, ce que démontrent les profondes excoriations que l'on remarque, non seulement sur toutes les rampes qui y aboutissent, mais encore sur son faîte, et les pentes respectives du terrain ont seulement ensuite partagé leur masse entre les cours de l'Hérault et de l'Orb. Du côté de Laurence, entre autres, ces eaux ont couvert le sol d'un épais manteau de blocs calcaires, de quarz laiteux ou veiné de différentes couleurs, et d'autres roches ayant jusqu'à 1 mètre de long. Quelques dénudations laissent distinguer une stratification dans ce manteau, et ce qui est bien plus digne de remarque, c'est que des lits presqu'entièrement composés de gros cailloux de grès houiller reposent sur des lits de cailloux différents et amenés à un plus grand état de division. Il y a donc encore eu dans ces plaines basses, comme dans les vallées, comme sur les hauts plateaux, un retard dans l'arrivage successif des matériaux, suivant la longueur de la route qu'ils ont eu à parcourir et suivant leur vitesse d'impulsion. Cependant l'identité qui persiste depuis Nismes jusqu'à l'étang de Thau, fait voir que les eaux qui arrivaient des sommités de la France centrale se sont réunies à celles qui affluaient du bassin du Rhône, et que c'est sous leur influence combinée qu'ont été déposées les assises successives d'une terre à pisé, tantôt blanchâtre, tantôt ferrugineuse et rouge, comme les terres froides de quelques parties du Bas-Dauphiné, tantôt enfin jaunâtre, comme le lehm lyonnais.

Le diluvien pyrennéen n'est pas demeuré étranger à ces effets, et le torrent ainsi accru aurait tracé les lits inverses de l'Aude et de la Garonne en passant par les cols des Corbières, dont la hauteur varie de 189 à 293 mètres seulement ; on sait même jusqu'à quel point ses traces sont évidentes sur les élevations des environs de Toulouse, puisqu'elles ont donné lieu au système du postdiluvium toulousain de M. Boubée. Et d'ailleurs, elles ne discontinuent plus depuis Toulouse jusqu'à l'Océan, sur les bords duquel elles sont représentées par les sables des landes de la Gascogne dont le passage aux galets est des plus évidents, d'après les observations de M. Pigeon, ingénieur au corps royal des mines.

Quittons maintenant la région méridionale de la France, pour passer à la région septentrionale, où le cours de l'Allier et des autres affluents de la Loire vont nous offrir des phénomènes analogues.

Quand on est placé sur la Roche Corneille on a de la peine à se défendre de l'idée d'un fort ruissèlement, venu simultanément du sud, du sud-ouest et de l'ouest, ou, en un mot, de toute la ceinture rocheuse qui environne la ville du Puy-en-Velay, pour converger dans son bassin tertiaire et tufacé. Les obélisques de la Roche Corneille, de la Roche Michel, le Molard sur lequel est bâti le château de Polignac, sont autant de témoins de cet ancien débordement dont l'écoulement s'est effectué vers le nord par le défilé de Chamalières.

Cependant ces conjectures qui résultent de la première inspection du terrain ont besoin d'être appuyées par des preuves plus positives, et celles-ci ne nous manqueront pas, puisqu'il suffira de rappeler les ossements d'éléphants, de rhinocéros, de cerfs, de daims, d'antilopes et d'aurochs trouvés dans les sables et dans les terres diluviennes de Polignac et de Solilhac ;

d'un autre côté, les cailloux phonolitiques découverts par M. Bertrand de Doue, derrière Ceyssac, à l'ouest et à 6 kilomètres de la Loire, indiqueront des eaux torrentielles parties de la région phonolitique du sud-est du Puy, et en même temps assez grandes pour avoir passé à cette hauteur; une conclusion analogue se déduira des bancs caillouteux de Saint-Pierre-Eynac; enfin, quand M. Grellet viendra nous montrer, dans le canton de Saint-Jean-de-Nay, sur le sommet de la Durandelle, entre la Loire et l'Allier, et à une hauteur de 1215 mètres, des conglomerats pozzolitiques qui semblent avoir été déposées par les eaux, on sera porté à penser que celles qui ont, à une certaine époque, envahi le bassin du Puy, se sont aussi élevées jusque là, parce qu'on y est amené insensiblement par les échelons successifs que nous venons d'indiquer, aussi bien que par la grandeur des effets dont la conséquence nécessaire est celle de causes proportionnées.

Que l'on parcoure d'ailleurs l'espace qui sépare Costaros de Pradelles, la ville la plus élevée de la France, et l'on ne doutera plus que la mélancolique et triste uniformité de cette haute plaine, parsemée de volcans démantelés, et sur laquelle prend naissance une série de dépressions qui s'agrandissent ensuite en vallons vers les rives de la Loire et de l'Allier, ne soit le résultat du lavage diluvien. Enfin, entre Langogne et Pradelles, les formes érosives mieux accusées, les blocs erratiques éparpillés jusqu'à 150 mètres au dessus de l'Allier, confirmeront suffisamment ce premier aperçu, et l'on tirera de cet ensemble de circonstanses la conclusion légitime, que le point de départ des eaux diluviennes fût au moins aussi élevé sur le versant septentrional de la chaîne du Tanargue à la Margeride que sur son versant méridional.

Dès-lors, et après tous les détails déjà énumérés, il serait, pour ainsi dire, fastidieux de renouveler la nomenclature des faits en signalant les puissants dépôts de cailloux et de limon qui recouvrent les hauteurs des bassins de Langeac, de Brioude, de la Limagne et du Bourbonnais. Cette filiation est trop naturelle pour qu'il soit encore une fois nécessaire de la développer, et, d'ailleurs, notre but essentiel n'est pas de suivre pas à pas toutes les minuties de tant d'embranchements divers, mais seulement d'arriver à poser des bases pour les recherches des géologues futurs.

Sous ce point de vue, nous avons suffisamment démontré que l'arète dorsale du plateau de la France centrale avait vu ruisseler de grandes nappes d'eau autour de ses flancs, et que celles-ci s'étaient écoulées suivant deux plans de pente généraux, l'un méditerranéen, l'autre océanique ; il ne nous reste donc plus qu'à rechercher les traces des écoulements analogues qui ont lieu vers le bassin du Rhône.

J'ai déjà indiqué à cet égard, dans un précédent mémoire, les effets érosifs qui caractérisent la vallée de l'Ouvese ; mais, je dois le rappeler, j'avais déjà été dévancé en cela par M. l'abbé Giraud de Soulavie, qui a indiqué les traces des anciens courants, auxquels sont dus le creusement du gouffre de la Goule, et la façon du pont naturel d'Arc, sur l'Ardèche ; de ceux qui ont déposé, sur les montagnes calcaires à 65 mètres et même même à 130 mè res au-dessus de ce dernier point, des cailloux roulés granitiques et basaltiques ; de ceux qui ont introduit des atterrissements dans les grottes de Valon placées à 100 mètres au-dessus du niveau de l'Ibie, de ceux enfin qui ont charrié, dans les contrées supérieures de la Cèze, des alluvions granitiques calcaires et volcaniques entremêlés de paillettes d'or et par conséquent, analogues aux alluvions aurifères de l'Oural et de l'Amérique.

Mais ces phénomènes des régions basses ne doivent plus nous arrêter, et c'est vers les points culminants qu'il faut de nouveau nous élever avec lui. Nous y verrons, sur les plaines granitiques de Saint-Agrève, des cailloux roulés volcaniques, que les habitants croient avoir été apportés par des passants, tellement ils sont étrangers au sol qui les supporte, et bien plus, tout le haut plateau que surmonte le Mézenc et qui domine à la fois le Rhône et la Loire, se montrera jonché des restes analogues d'un ancien cours d'eau.

Alors tous les phénomènes s'expliquent ; de grandes eaux ont surmonté la plupart des sommités primordiales de la France centrale ; leur élévation de 1,300 à 1,400 mètres leur a permis de battre les flancs des pâtés volcaniques du Mézenc, du Gerbier-de-Jones, du Mont-Dore et du Cantal ; elles ont peut-être même pénétré à quelque distance dans l'intérieur des fractures de ces cratères de soulèvement, et c'est probablement à elles qu'il faut attribuer une partie des démolitions qui, tout autant que les éboulements des temps actuels, en rendent certaines faces entièrement inabordables.

Sur l'ensemble du plateau, les érosions de ces courants se sont aussi combinées aux formes du soulèvement; elles les ont compliqué de leurs effets propres ; de là cette disposition irrégulière des dépressions qui ne s'accorde que difficilement avec celle des axes de fracture et de bombement : de là enfin cette immense quantité de vallées et de petits ruisseaux dont la direction dans tous les sens a déjà été indiquée par MM. Elie de Beaumont et Dufrenoy, comme caractéristique pour ces régions primordiales.

Si l'on considère les excavations des bassins tertiaires du Puy et de l'Auvergne, celles qu'ont subi les conglomérats lacustres de la Bresse, on arrive naturellement à conclure que c'est vers la fin de l'époque tertiaire que ce flux est survenu. Mais autour de cette période, l'énergie volcanique développait toute son intensité ; déjà d'anciennes coulées basaltiques s'étaient étalées sur l'Auvergne, le Velay, le Vivarais et le Languedoc ; elles furent déchiquetées par le torrent, et leur blocs usés, polis, mêlés aux détritus des granits et des calcaires, effrayent encore l'imagination. D'autres laves, au contraire, ont été épanchées immédiatement après ce cataclysme, et leurs coulées ont recouvert les alluvions précédentes en Auvergne, au Puy, à Gourdon et sur le dos des Coyrons.

Les laves et les coupoles de ces volcans plus modernes ont, en général, conservé toute l'intégrité de leurs formes; aussi de l'opposition entre ces physionomies encore vierges et les squelettes décharnés, tristes débris d'un autre temps, résulte un vigoureux contraste parlant à la pensée plus haut que tous les raisonnements. Il suffit à lui seul, pour prouver toute la nullité des causes actuelles, puisqu'après tant de siècles celles-ci n'ont pu qu'ébrécher à peine des monceaux de cendres et de rapilli presqu'incohérents. Il faut avouer cependant que quelques dégradations intermédiaires entre les formes d'une conservation parfaite et celles qui ont été complètement dénudées, semblent encore indiquer diverses catastrophes accessoires; et leur cause se trouvera, un jour, dans quelques débacles, postérieures au grand effet général dont elles furent peut-être le complément.

D'où sont venues les grandes eaux qui ont produit le diluvium? Sont-elles le résultat du déversement pur et simple des lacs alpins dans le grand lac de la Bresse et du débordement de celui-ci pardessus le dos des montagnes de la France centrale, à partir duquel les eaux auraient ruisselé vers les mers de l'ouest et du sud? Il faudrait pour que cette théorie fût définitivement admise, établir que la capacité réunie des réservoirs précédents, pouvait, à elle seule, fournir un volume capable de produire dans le bassin du Rhône une crue de plus d'un demi-millier de mètres. Cette considération portera probablement à admettre que l'effusion des lacs Alpins a été augmentée par une débacle de lacs pareils échelonnés sur le dos du plateau de la France; leur mise en branle, simultanément avec celle des Alpes, aura, dans ce cas, été déterminé par l'érection des cratères de soulèvement du Mont-Dore et du Cantal que M. Elie de Beaumont démontre avoir été contemporaine de l'exhaussement de la chaîne du Valais; mais pour prouver la possibilité de ce surcroît, il reste encore à indiquer les positions et les limites de ces anciens bassins, chose qui, quoique difficile dans l'état actuel des lieux, n'est peut-être pas tout-à-fait impossible. Je laisserai cependant à d'autres le soin de ce travail ainsi que celui de rechercher les autres causes qui ont contribué à réunir vers les sommets de toutes les montagnes, ces immenses réservoirs pour disposer de leur force motrice et faire naître en temps opportun, un monde nouveau des débris de l'ancien monde. Provisoirement je dirai avec Ramond et avec André de Gy: *Connaître est à celui qui, livrant la terre à nos partages et l'univers à nos disputes, étendit entre la création et nous, et entre nous et nous-mêmes, la sainte obscurité qui le couvre.*

Lyon, le 10 décembre 1842.

RÉSUMÉ

DES

HAUTEURS ABSOLUES DE DIVERS POINTS ESSENTIELS

POUR LA QUESTION

DES COURANTS DILUVIENS.

BUTTES SITUÉES ENTRE LE RHIN ET LA SAÔNE.

	Mètres
Montbéliard, sommet de la tour.	367
Valdieu, bief de partage du canal du Rhône au Rhin. .	355
Estobon { Eglise.	369
Estobon { Montagne. . . .	537
Chagey.	327
Hericourt.	318
Chalonvillard.	363
Frabier.	364
Champagney.	321
Haut-Mougey.	375
Million, près de Bains. . .	400
Viomenil.	463
Haut-Domprey, à l'est de Bains	586
La Sentinelle, entre Plombières et le val d'Ajol. . . .	621
Flancs du val d'Ajol, vers Maxonchamps, en se rapprochant de la vallée de la Moselle.	750
Langres, sol de la Cathédrale.	473
Hauteur moyenne du plateau de Lang"es.	393
Un point culminant du plateau	528

CHAINE DES BALLONS ET ARÊTE DE PARTAGE ENTRE LA SAÔNE, LA MEUSE ET LA MOSELLE.

Ballon d'Alsace.	1429
Sommet de la planche les Belles-Filles.	1128
Ballon de Servance. . . .	1204
Plombières.	421
Fontaine de Luxeuil. . .	270
Rambervillers.	300
Bains.	330

CHAINE DE LA CÔTE-D'OR ENTRE LA SEINE ET LA SAÔNE.

Saint-Seine.	685
Pouilly, au partage du canal de Bourgogne.	424
Etang de Longpendu, partage du canal du Centre. . .	293
Côte-d'Or, entre les deux canaux.	545
Bellenod, cime entre Château-Chinon et Dijon. . . .	572

ARÊTE ENTRE LA LOIRE, LA GARONNE ET LE RHÔNE.

1° CHAINE BEAUJOLAISE.

Signal de Solutré, près de Mâcon. 495
Tramayes. 572
Montagne de Chanouze. . . 645
Château de Carelle. . . . 669
Mousol. 587
Montagne de Teissonnière. . 892
Signal de Saint-Rigaud. . . 1012
Le Moné. 1000
Source du Sornin. 914
Rocher d'Ajoux. 973
Tuilerie, près de Chenelette . 660
Les Echarmeaux 718
Forvéon. 819
Avenas. 845
Montclair. 878
Mont Soubran. 898
Montagne, au nord du Rosiers 759
Cime, en tête de la Vauxome. 781
Col de Saint-Cyr-le-Châton. 766

2° CHAINE LYONNAISE.

Mont-Chevrier, au nord de Tarare. 738
Le Dime. 650
Pin-Bouchain. 887
Villechenève. 772
Boncivre. 1004
Le Pelerat 860
Arjoux. 818
Montagne, au nord de Montrottier. 710
Montrottier. 675
Mont Pottu. 821
Hauteurs, près de Saint-Clément-les-Places. . . . 650
Le Bief. 646
Hauteurs, près de Granjon . 615
Saint-Bonnet-le-Froid. . . 787
Signal de la Roue. . . . 904
Duerne. 824
Col de Saint-André-la-Côte. . 773
Montalan-sur-Riverie. . . 759
Pont de l'Ane, point où le chemin de fer pénètre de la vallée du Gier dans celle du Furens. 523
Saint-Jean-de-Bonnefond, au-dessus de la côte Thiollière. 672
Saint-Etienne. 531
Mont Salçon, point culminant de Saint-Etienne. . . . 722

3° PARTIE DE LA CHAINE DES CÉVENNES ENTRE LE RHÔNE ET LA LOIRE.

Pilas, crêt de la Perdrix. . . 1434
St-Bonnet-le-Froid, près d'Annonay. 1119
Devesset. 1175
Montagne, à côté de Saint-Agrève. 1136
Mont-Mezenc. 1774
Saint-Andéol de Fourchades . 1420
Au-dessus de Raphaël. . . 1666
Source du Buzet. 1381
Mezillac. 1152
Roche de Gourdon. . . . 1068

4° MONTAGNES ENTRE LE RHÔNE ET L'ALLIER.

Bauzon, point culminant à droite de la route d'Aubenas, à Pradelles . . . 1381
Point culminant de la côte

de Mayres. 1261

Source de l'Ardèche, sur la côte de Mayres. . . . 1257

Grand Tanargue. 1461

Saint-Laurent-des-Bains. . . 850

Luc, entre Villefort et Langogne. 1058

5° MONTAGNES ENTRE LE RHÔNE ET LE LOT.

La Lozère.
- Bleymard, près Villefort. 1470
- A la tête de Bœuf, vers Genolhac. 1587
- Aux limites du Gard. . 1610
- Au bois des Armes. . 1584
- Au Roc des Aigles. . . 1690
- Au-dessus du Pont de la Norat. 903
- Au Malpertus. . . . 1691
- Au Crucinas, point culminant du terrain primordial de la France. . 1718

6° MONTAGNES ENTRE LE RHÔNE ET LE TARN.

Source du Gardon d'Alais. . 935

Source du Gardon d'Anduze . 937

Aigoual.
- Au nord du Vigan. . . 1569
- A la source de l'Hérault. 1413
- A l'Hort de Dieu. . . 1562

Beccucles. 1370

Mont Lengas. 1441

Aire de Coste, à l'est de l'Aigoual. 1074

Mont-Espirou.
- Au cap de Coste. . . 1196
- A la Luzette. . . . 1390
- Au Montels. 1422
- Au village. 1232

RAMIFICATIONS DE LA MONTAGNE NOIRE.

Roc de Cabrières. . . . 481

Hauteur du col de Soumentre. 400 ?

Roc en Grenier, près de Saint-Pons, entre la montagne Noire et le Mont Espinouse. 1055

Pic du Faux-Moulinier. . . 622

Col de la Garde. 591

Col du Plo de la Jace. . . 602

Col du Pas de Rieu. . . . 919

Sommet du pic de Montant. 1040

ARÈTE DES CORBIÈRES ENTRE L'AUDE ET LA GARONNE.

Bief de partage du canal du Languedoc. 189

Toulouse. 132

Puy Laurens. 348

Col de Pechaudier. . . . 216

Montgey. 330

Col de Peyreneou. . . . 231

Les Casses. 283

Col de Baragne. 270

Fanjeaux. 367

POINTS DIVERS DU BASSIN DU RHÔNE.

Vesoul sous le pont. . . . 234

Dijon. 217

Lons-le-Saulnier. 257

Montagne de Brouilly. . . . 485

Oingt. 552

Bagnols. 429

Sarcey. 372

Carrières d'Oncin. . . . 430

Mercruy. 568

Mont-d'Or lyonnais.	Mont Toux. . . .	612
	Mont Verdun. . .	625
	Mont Ceindre.. . .	467
Buttes Bressannes.	Signal de Vaucia. .	328
	Michaux.	306
	Marais des Echeyx. .	272
	Hauteur près Rillieux.	310
	Château de Rillieux. .	296
	Fort de Montessuy. .	275
Buttes dauphinoises.	Buttes à côté de Venissieux.	221
	La Bégude. . . .	232
	Bois Saint-Jean. . .	366
	Solaise.	230
	Ternay.	268

Lyon.	162
Fourvière.	294
Rhône, à l'embouchure de l'Ardèche.	32
Rive-de-Gier.	352
Nonnières.	670
Vernoux.	600
Aubenas.	311
Pont-d'Arc, sur l'Ardèche .	139
Genolhac.	493
Villefort.	609
Réunion des ruisseaux qui forment la Cèze au pont de Saint-André de Cap Cèze. .	474
Saint-Ambrois, sur le pont .	144
Alais, au niveau du Gardon .	127
Nismes. A la tour Magne. .	116
Nismes. A l'Esplanade. .	42
Plaines de Béziers. . . .	69

DORSALE DE LA FRANCE CENTRALE.

Mont-Margeride, entre Mende et Chateauneuf de Randon.	1600
Cézallier.	1482
Base du Mont-Dore. A la Guieze. .	1124
Base du Mont-Dore. A la Bourboule.	943
Pic de Sancy.	1887
Cantal.	1857

VERSANT DE LA LOIRE

Source de la Loire, au Gerbier-de-Jonc.	1400
Source de l'Allier. . . .	1423
Pradelles.	1146
Costaros.	1160
Sauvetat, entre Pradelles et Costaros.	1159
La Durandelle.	1215
Le Puy, place du Breuil. . .	625
Roche-Corneille.	757
Polignac, devant le chateau .	837
Brioude.	468
Clermont, place de Jaude. .	380
Pont-Gibaud.	662
Montbrison, clocher. . . .	435
Pierre-sur-Autre.	1625

VERSANT DE LA GARONNE.

Source du Tarn, près du Mont-Lozère.	1558
Cénaret, montagne à l'ouest de Mende.	994
Rousselle, sur le Causse de Mende.	1101
Mende, sol de la cathédrale.	767
Lodève.	413
Millhau au pont.	355
Cavalarié, sur le Larzac . .	797
Larzac, point culminant à droite de la route. . . .	868
Rodez, à la cathédrale . .	630
Rioupeyroux, à la chapelle	

Saint-Jean.	803
Chaine de Levezou, entre l'Aveyron et le Tarn. . .	1092
Autre cime du Levezou. . .	1119

VERSANT DE LA SEINE.

Chateau-Chinon, vallée de l'Yonne.	587
Signal de Bard, entre Chinon et Arnay-le-Duc. . . .	555
Grand-Habre au nord de Château-Chinon.	685
Troyes.	110
Paris.	65

En prenant pour point de départ des eaux de la France centrale, une hauteur de 1200 mètres et en supposant qu'elles ont rayonné autour de la Margeride suivant les directions des bassins de la Loire et de la Garonne, on trouve les pentes moyennes suivantes :

Garonne.	10' . .	10''
Loire	6' . .	26''

Ces inclinaisons qui dépassent la limite des rivières navigables ont dû déjà produire des torrents sans même tenir compte de l'épaisseur des courants; elles sont cependant moindres que celles de la plupart des vallées Alpines.

En examinant actuellement la dimension des blocs transportés, on voit que les plus gros de ceux de la France n'atteignent généralement pas 1 mètre cube, quand ils sont réellement arrondis ; ils peuvent bien aller au double dans certains cas, mais alors ils sont simplement jettés à quelques pas de leur gîte primitif. L'on sait, au contraire, que ceux des Alpes sont colossaux. Ainsi donc l'intensité du phénomène erratique est jusqu'à un certain point proportionnelle aux pentes et aux vitesses des courants.

Les glaciers auraient-ils produit un assortiment pareil ? J'en doute; car leur progression lente, mais continue, devait transporter et pousser indifféremment des quartiers gigantesques dans les vallées de la France centrale aussi bien que sur les rampes des Alpes, en admettant qu'ils ayent pû cheminer sur des pentes aussi faibles. Il en résulte donc comme conséquence que les glaciers n'ont joué aucun rôle dans les effets dont il a été question dans ce mémoire.

www.ingramcontent.com/pod-product-compliance
Ingram Content Group UK Ltd.
Pitfield, Milton Keynes, MK11 3LW, UK
UKHW021531260726
13993UKWH00004B/1931

9 782329 443997